BEI GRIN MACHT SICH IHR WISSEN BEZAHLT

- Wir veröffentlichen Ihre Hausarbeit,
  Bachelor- und Masterarbeit

- Ihr eigenes eBook und Buch -
  weltweit in allen wichtigen Shops

- Verdienen Sie an jedem Verkauf

Jetzt bei www.GRIN.com hochladen
und kostenlos publizieren

Bibliografische Information der Deutschen Nationalbibliothek:

Die Deutsche Bibliothek verzeichnet diese Publikation in der Deutschen National-
bibliografie; detaillierte bibliografische Daten sind im Internet über http://dnb.d-
nb.de/ abrufbar.

Impressum:

Copyright © 2016 GRIN Verlag, Open Publishing GmbH
Druck und Bindung: Books on Demand GmbH, Norderstedt Germany
ISBN: 9783668390935

Dieses Buch bei GRIN:

http://www.grin.com/de/e-book/343247/die-brachyzephalie-als-problem-der-hun-
dezucht

Yannik Hansen

Die Brachyzephalie als Problem der Hundezucht

GRIN Verlag

GRIN - Your knowledge has value

Der GRIN Verlag publiziert seit 1998 wissenschaftliche Arbeiten von Studenten, Hochschullehrern und anderen Akademikern als eBook und gedrucktes Buch. Die Verlagswebsite www.grin.com ist die ideale Plattform zur Veröffentlichung von Hausarbeiten, Abschlussarbeiten, wissenschaftlichen Aufsätzen, Dissertationen und Fachbüchern.

Besuchen Sie uns im Internet:

http://www.grin.com/

http://www.facebook.com/grincom

http://www.twitter.com/grin_com

Gymnasium der Stadt Baesweiler

Facharbeit
im Fach Biologie

Thema:

Die Brachyzephalie als Problem der Hundezucht

vorgelegt von

Yannik Hansen

Baesweiler, den 11.03.2016

Schuljahr 2015/16

Inhaltsverzeichnis

1   Vorwort

Am vorletzten Tag meines Berufsorientierungspraktikums in der Jahrgangsstufe EF, welches ich bei einem Tierarzt absolviert habe, erfuhr ich erstmalig von den Problemen brachyzephaler Hunde. Wie fast jeden Tag standen zwei Operationen auf dem Plan. Es sollte jeweils ein gutartiger Tumor entfernt werden, was nach Meinung des Tierarztes eher einem kleinen, unkomplizierten Eingriff entsprach. Die erste Operation, bei welcher ein etwa Golfball- großer Tumor eines Labrador- Retrievers entfernt wurde, verlief problemlos. Allerdings zeichnete sich schon bei der Vorstellung des zweiten Hundes, einer französischen Bulldogge, ab, dass etwas anders war als sonst. Wie gewohnt brachten die Besitzer den Hund in den Behandlungsraum, damit die Narkose eingeleitet, und alles erforderliche für die Operation vorbereitet werden konnte. Auffällig war jedoch, dass die Bulldogge große Probleme beim Atmen hatte und dabei extrem laute Geräusche von sich gab. Der Tierarzt erklärte den Haltern des Hundes, dass dieser ein erhöhtes Risiko habe, die Operation nicht zu überleben. Das Tier habe eine „Brachyzephalie", also eine zurückgezüchtete Schnauze, was wegen der somit verengten Atemwege zum Ersticken führen könne. Aus medizinischer Sicht musste der Tumor allerdings aufgrund seiner etwaigen Größe eines Tennisballs und der potentiellen Gefährdung anderer Organe entfernt werden, sodass eine Operation unumgänglich war. Der Eingriff war überschattet von lauten Atemgeräuschen, Würgereizen und Hustenanfällen der Bulldogge. Es bestand eine angespannte Stimmung, weil jederzeit mit einem Aussetzen der Atmung gerechnet werden musste. Trotz aller Umstände konnte der Tumor entfernt werden und der Hund überlebte die Operation unbeschadet. Was blieb waren die Atemgeräusche und das ständige Husten. Der Tierarzt erzählte mir einiges über die Brachyzephalie, die für Hunde einige Probleme mit sich bringe, und äußerte sein Unverständnis über die Zucht solcher sogenannten „Modehunde". Auch noch lange nach meinem Praktikum beschäftigte mich die Frage, warum Hunde ohne Rücksicht auf ihre Gesundheit und ausschließlich nach Schönheitsidealen, wie beispielsweise einer kurzen Schnauze, gezüchtet werden.

Deswegen nehme ich diese Facharbeit als Anlass, mich näher mit dem Thema Brachyzephalie bei Hunden zu beschäftigen und mich mit der Züchtung, den Problemen und den Behandlungsmöglichkeiten auseinanderzusetzen. Dabei geht es mir vor allem um die Frage, ob allein der Mensch der Verursacher für die Probleme von tausenden von brachyzephalen Hunden ist.

2 Einleitung

2.1 Was versteht man unter Hundezucht?

Der Begriff Zucht beschreibt zunächst die gezielte, durch den Menschen herbeigeführte Verpaarung und somit die Vermehrung von Lebewesen aufgrund bestimmter Eigenschaften. In der Hundezucht werden Hunde aufgrund bestimmter Verhaltensweisen und vor allem wegen äußerlicher Merkmale, sogenannten „Standards" gezüchtet. Diese Merkmale können mit oder ohne Nutzen sein. So ist es beispielsweise die Aufgabe eines Jagdhundes, den Jäger bei der Jagd zu unterstützen. Hier wurde also der Jagdtrieb eines Hundes so angezüchtet, dass der Mensch sich diesen zu Nutze macht. Andere Hunde werden ausschließlich wegen körperlicher Eigenschaften, wie beispielsweise einer kurzen Nase gezüchtet, damit sie für den Menschen als besonders „süß" gelten.

2.2 Was ist Brachyzephalie?

Als brachyzephal bezeichnet man die angezüchtete „kurze" Kopfform bestimmter Hunderassen, wie z.B. der Französischen- und Englischen Bulldogge, des Mopses oder des Boxers.[1] Das Wort „brachy" (griechisch) bedeutet „kurz" und das Wort „kephale" (griechisch) beschreibt den Kopf. Aus diesen beiden Worten lässt sich das Wort „Brachyzephalie" herleiten.[2] Eine Brachyzephalie ist also entgegen mancher Behauptungen keine Krankheit, sondern zunächst nur die Beschreibung der Kopfform. Aus dieser können sich jedoch gesundheitliche Probleme für den Hund ergeben. Generell kann man sagen, dass brachyzephale Hunde nie so viel Leistung erbringen können wie ihre Artgenossen mit einer natürlich „langen" Nase. Hunde mit einem normal langen Kopf werden als „mesozephal[3] bezeichnet.

Abbildung 1: brachyzephale Hunde

---

[1] Vgl. http://www.gesunde-bulldoggen.de/atmen/brachyzephalie.html (25.01.2016, 18:00 Uhr)
[2] Vgl. http://www.wissen.de/wortherkunft/brachyzephalie (12.01.2016, 16:30 Uhr)
[3] Vgl. http://www.gesunde-bulldoggen.de/atmen/bas-dr-koch.html (25.01.2016 18:00 Uhr)

3 Hauptteil

3.1 Die Geschichte der Brachyzephalie des Hundes

Der Hund gilt als der „Beste Freund des Menschen" und ist schon seit mehreren Jahrhunderten dessen Weggefährte. Zu Beginn der Beziehung zwischen Mensch und Hund wird dieser vor allem gehalten, um in Bereichen wie der Landwirtschaft und der Jagd Unterstützung zu leisten und dem Menschen in vielerlei Hinsicht zu helfen. Dabei kommt es vor allem darauf an, dass der Hund gesund ist und Leistung erbringen kann. Das Aussehen spielt dabei keine große Rolle. Zur Kontrolle der Zuchtqualität gibt es eine einfache Devise: Von Bedeutung war die Leistung, die der Hund in seiner jeweiligen Aufgabe erbringen soll. So werden also gesunde und leistungsfähige Hunde miteinander verpaart und es wird darauf spekuliert, dass deren Nachkommen ebenso gesund und leistungsfähig sind.

Mit Beginn der Industrialisierung wird der Hund jedoch in vielen Bereichen überflüssig, weil er durch effizientere Möglichkeiten ersetzt wird. Dies führt zu einem Umschwung in der Hundezucht. Da der Mensch den Hund von nun an nicht mehr als Nutztier, sondern überwiegend als reines Haustier hält, entwickelt sich eine Hundezucht, die auf die Schönheit und auf äußerliche Merkmale der Tiere abzielt. Deshalb schließen sich einige Bürger zusammen und gründen die ersten offiziellen Hundevereine.[4] Die erste Deutsche Hundeausstellung findet im Jahre 1863 in Hamburg statt.[5] Dabei werden die „schönsten" Hunde, wie auch heute noch auf Hundeschauen üblich, prämiert. Von nun an erfolgt die Hundezucht hauptsächlich anhand äußerlicher Schönheitsideale der Tiere. Diese sind allerdings von Rasse zu Rasse unterschiedlich, sodass sich für jede Rasse typische äußerliche Merkmale, sogenannte „Rassestandards" entwickeln. Oft wird dabei allerdings keine Rücksicht darauf genommen, ob ein Merkmal die Gesundheit eines Hundes gefährden könnte. Es wird ausschließlich nach besonders guter Ausprägung des rassetypischen Merkmals geschaut und bewertet. Bestes Beispiel hierfür ist die extreme Brachyzephalie mancher Hunderassen.[6] Die Nasen und Unterkiefer brachyzephaler Hunde werden „durch gezielte Zuchtauslese"[7] derart verkürzt, dass dies teilweise zu erheblichen

---

4 Vgl. Georg U. Oechtering: http://www.tieraerztekammer-sachsen.de/dokumente/artikel_brachyzepha-lie.pdf, S. 19 (12.01.2016 16:30 Uhr)

5 Vgl. http://www.vdh.de/fileadmin/media/ueber/wir_ueber_uns/vdh_chronik.pdf (13.01.2016 18:00 Uhr)

6 Vgl. Georg U. Oechtering: http://www.tieraerztekammer-sachsen.de/dokumente/artikel_brachyzepha-lie.pdf, S. 19, 20 (12.01.2016 16:30 Uhr)

7 Georg U. Oechtering: http://www.tieraerztekammer-sachsen.de/dokumente/artikel_brachyzephalie.pdf, S. 20 (12.01.2016 16:30 Uhr)

gesundheitlichen Beeinträchtigungen führt. Die Zuchtauslese, oder auch Selektion, ist ein Grundelement der Hundezucht, bei dem nur die Tiere für die Zucht verwendet werden, bei denen das gewünschte Merkmal am stärksten ausgeprägt ist. Da für die Züchter von brachyzephalen Hunden lange Zeit im Vordergrund stand, dass die Tiere eine möglichst kurze Schnauze haben, wurden auch nur Hunde mit extrem ausgeprägter Brachyzephalie für die Zucht verwendet. Zweck dieser Verkürzung der Schnauze ist es, dass brachyzephale Hunde für ihre Züchter und Halter als besonders niedlich gelten und auch als adulte Tiere noch aussehen wie Welpen. [8] Sie „sprechen über das Kindchenschema fürsorgliche Instinkte in uns an"[9], so Tierarzt Prof. Dr. Gerhard U. Oechtering. Das ist unter anderem auch der Grund dafür, dass sich brachyzephale Hunde immer größerer Beliebtheit erfreuen und in den letzten Jahren zu regelrechten „Modehunden" geworden sind.[10]

3.2 Aufbau des Schädels eines brachyzephalen Hundes

Abbildung 2 zeigt, dass bei brachyzephalen Hunden der Oberkiefer, das Nasenbein und die Nasennebenhöhlen deutlich kleiner sind als bei Hunden mit normaler Schnauze. Der Unterkiefer, welcher nur geringfügig verkleinert ist, steht hervor. Dies kommt zustande, da die Länge von Ober- und Unterkiefer unabhängig voneinander vererbt werden.[11] Aufgrund dessen, dass sich die Weichteile wie z.B. die Haut während des Wachstums des Hundes in normaler Größe entwickeln[12], entstehen hierdurch die typischen Nasenfalten brachyzephaler Hunde. Außerdem kommt es bei diesen Hunden häufig zu einer Beeinträchtigung der Atmung,

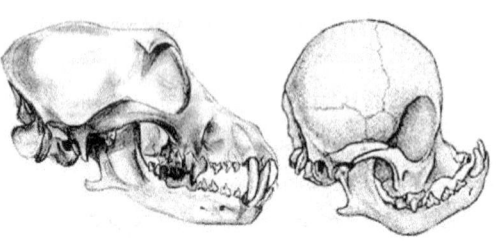

Abbildung 2: mesozephaler Hundeschädel (links) und brachyzephaler Hundeschädel (rechts)

---

[8]   Vgl. Georg U. Oechtering: http://www.tieraerztekammer-sachsen.de/dokumente/artikel_brachyzephalie.pdf, S.20 (12.01.2016 16:30 Uhr)

[9]   Georg U. Oechtering: http://www.tieraerztekammer-sachsen.de/dokumente/artikel_brachyzephalie.pdf, S. 20 (12.01.2016 16:30 Uhr)

[10] Vgl. http://kleintierklinik.uni-leipzig.de/cms/sites/default/files/Dokumente/111025_Oechtering_Wenn%20Menschen%20Tiere%20verformen.pdf (28.02.2016 20:00Uhr)

[11] Vgl. Inge Hansen: „Vererbung beim Hund", 2. Auflage 2014, Müller Rüschlikon Verlag, S. 53

[12] Vgl. http://www.gesunde-bulldoggen.de/atmen/brachyzephalie.html (25.01.2016 18:00 Uhr)

weil das Gaumensegel und die Zunge wegen des stark verkürzten Schädels in Relation zu dem eines nicht brachyzephalen Hundes, sehr lang sind. Ein weiteres deutliches Merkmal für eine Brachyzephalie ist die auffällig runde Kopfform im Gegensatz zu dem länglichen, normalen Schädel. Hieraus resultiert, dass die Augenhöhle sehr flach ist, wodurch die Augen weit nach vorne über den Knochen hinausragen.[13] Das Gehirn in einem brachyzephalen Schädel ist kugelig, wohingegen das Gehirn in einem mesozephalen Schädel entsprechend der Kopfform länglich ist.[14]

3.3   Das Brachyzephale Atemwegs- Syndrom (BAS)

Brachyzephale weisen im Vergleich zu mesozephalen Hunden aufgrund der veränderten Anatomie ihres Schädels häufig gesundheitliche Probleme auf.[15] Alle Probleme, die die Atmung eines Hundes betreffen und auf eine Brachyzephalie zurückzuführen sind, werden unter dem Begriff „Brachyzephales Atemwegs- Syndrom" (BAS) zusammengefasst. Dieses wird international auch als „Upper Airway Obstruction Syndrome" bezeichnet. Hierbei können Veränderungen wie Stenosen (Verengungen) der Nasenlöcher, Verlängerungen des weichen Gaumens, evertierte (ausgestülpte) Laryngealtaschen (Kehlkopftaschen), Larynxkollapse (Kollapse des Kehlkopfes) und, vor allem bei englischen Bulldoggen, Hypoplasien (Unterentwicklungen) der Trachea (Luftröhre) auftreten, die den Luftstrom in den oberen Atemwegen beeinträchtigen. Die Missbildungen sind allerdings in ihrer Schwere unterschiedlich und können einzeln oder kollektiv auftreten.[16] Sie verschlimmern sich jedoch mit steigendem Alter.[17] Ein Hund mit brachyzephalem Atemwegs- Syndrom weist Symptome wie laute Atemgeräusche, Stertor (röchelndes Atmen), angestrengte Inspiration (Einatmung), Zyanose (bläuliche Verfärbung der Schleimhäute), bis hin zur Bewusstlosigkeit auf. Bei hoher Außentemperatur, Anstrengung und Aufregung kommt es zu einer Verschlimmerung der Symptome. Dies erfolgt aufgrund „vermehrter Blutfülle der Schleimhäute, erhöhtem Unterdruck im Pharynx

---

[13] Vgl. http://www.s-a-v-o.ch/sonstige-erbliche-augenkrankheiten/brachyzephalen-syndrom/ (12.01.2016 18:00 Uhr)

[14] Vgl. http://geb.uni-giessen.de/geb/volltexte/2013/9907/pdf/KlinglerMelanie_2013_06_27.pdf (24.02.2016 17:00 Uhr)

[15] Vgl. http://www.gesunde-bulldoggen.de/atmen/bas-dr-koch.html (25.01.2016 16:00 Uhr)

[16] Vgl. Richard W. Nelson, C. Guillermo Couto: Innere Medizin der Kleintiere. 1. Auflage, 2006. Elsevier GmbH, München. S.262

[17] Vgl. Hans G. Niemand, Peter Suter: Praktikum der Hundeklinik. 9. neubearbeitete Auflage, 2001. Parey Buchverlag

durch eine forcierte Atmung und lokale Entzündungen. Diese Momente verstärken sich gegenseitig [...]. Temperament (Aufregung) und Nährzustand (Atembehinderung durch Fettsucht) und die mit dem Alter des Patienten zunehmende Schlaffheit der Gewebe spielen ebenfalls eine Rolle."[18] Folge der verkrampften Einatmung sind Entzündungen und Ödematisierungen der laryngealen (Kehlkopf-) und pharyngealen (Rachen-) Mukosa (Schleimhaut), welche eine Evertierung (Ausstülpung) der Laryngealtaschen begünstigen und durch eine Verengung der Stimmritze wiederum die Atmung erschweren. Häufig ist es so, dass dies zu einer lebensbedrohlichen Atemnot führt, welche sofort als Notfall von einem Tierarzt behandelt werden muss. Äußerlich kann ein Brachyzephales Atemwegs-Syndrom anhand der Rasse und des Erscheinungsbildes der Nasenlöcher diagnostiziert werden. Die Stenosen selbiger sind meist bilateral symmetrisch (an der längsachse der Nase spiegelbildlich). Außerdem können die Flügelfalten (Plicae alares) der Nase beim Einatmen nach innen gezogen werden, was die Atemwege zusätzlich blockiert. Um die Schwere und das Ausmaß der Veränderungen sicher feststellen zu können, verwendet man die Laryngoskopie (Kehlkopfspiegelung) und untersucht die Trachea mithilfe eines Röntgenbildes. Andere Ursachen für eine Behinderung der oberen Atemwege können in der Regel so ausgeschlossen werden.[19] Wie akut das Problem der extremen Brachyzephalie ist, verdeutlicht Tierarzt Prof. Dr. Gerhard U. Oechtering in folgender Erklärung: „Eine von uns begonnene Umfrage unter Besitzern von Hunden mit extremer Brachyzephalie ergab ein schockierendes Bild. 73 % der befragten Hundebesitzer geben an, dass ihr Tier Atemprobleme beim Schlafen hat (29 % versuchen im Sitzen zu schlafen, da sie im Liegen keine Luft bekommen; 13 % haben Erstickungsanfälle im Schlaf). 77 % der Tiere haben Probleme beim Fressen, 23 % erbrechen oder regurgitieren [Nahrung aus dem Kropf wieder hervorwürgen] mehr als einmal am Tag; 33 % der Tiere sind schon einmal aufgrund von Atemnot umgefallen, über die Hälfte von ihnen hat dabei das Bewusstsein verloren."[20]

---

[18] Hans G. Niemand, Peter Suter: Praktikum der Hundeklinik. 9. neubearbeitete Auflage, 2001. Parey Buchverlag

[19] Vgl. Richard W. Nelson, C. Guillermo Couto: Innere Medizin der Kleintiere. 1. Auflage, 2006. Elsevier GmbH, München. S.262

[20] Gerhard U. Oechtering: http://kleintierklinik.uni-leipzig.de/cms/sites/default/files/Dokumente/111025_Oechtering_Wenn%20Menschen%20Tiere%20verformen.pdf (28.02.2016 20:00Uhr)

3.4 Behandlungsmöglichkeiten für Hunde mit BAS

Gewöhnlich wird bei Hunden mit Brachyzephalem Atemwegs- Syndrom versucht die Probleme opertiv zu beheben. Dabei gibt es unterschiedliche Möglichkeiten, die alle das Ziel haben, die Verengungen der Atemwege so gut es geht zu beseitigen.[21] Oft führt bereits das einfache Verfahren des Weitens der Nasenöffnungen zu einer Verbesserung der Symptome. Deswegen liegt es bei brachyzephalen Welpen nahe, diese Operation bereits durchzuführen, noch bevor die Symptome des Brachyzephalen Atemwegs- Syndroms auftreten. Dies kann beispielsweise im Zuge einer Kastration durchgeführt werden, um dem Hund die Belastung einer zweiten Vollnarkose zu ersparen.[22] Des weiteren ist es üblich, die evertierten Laryngealtaschen zu entfernen, um die Atemwege im Kehlkopf freizulegen.[23]Die dritte und häufigste Maßnahme bei Atemwegsproblemen durch Brachyzephalie ist die Kürzung des Gaumensegels, welches durch seine Vergrößerung eine teilweise Obstruktion (Verschließung) der Trachea hervorruft. „Die frühzeitige Korrektur der Obstruktion verringert bei der Inspiration den Unterdruck auf pharyngeale und laryngeale Strukturen und verlangsamt dadurch wesentlich das Fortschreiten der Erkrankung"[24] Die Chancen, dass die Symptome des BAS durch diese Maßnahmen behoben werden, richten sich nach Stadium und Schwere der Missbildungen. Je früher die Operationen durchgeführt werden, desto größer sind die Aussichten für eine vollständige Heilung. Ungünstig ist die Prognose bei einem Larynxkollaps. Je nach Schwere des Kollaps muss zur Rettung des betroffenen Tieres[25] „eine permanente Tracheostomie [Luftröhrenschnitt] in Erwägung gezogen werden".[26] Die Symptome verschlechtern sich jedoch fortlaufend, wenn die Ursachen nicht behoben werden können. Eine Hypoplasie der Trachea kann nicht operiert werden, wobei hier der Grad der Hypoplasie eine entscheidende Rolle für die Länge der verbleibenden Lebenszeit des Hundes spielt.[27] In

---

[21] Vgl. http://kleintierklinik.uni-leipzig.de/cms/abteilungen/E/Brachyzephalie/faq#12 (25.02.2016 16:00Uhr)

[22] Vgl. Richard W. Nelson, C. Guillermo Couto: Innere Medizin der Kleintiere. 1. Auflage, 2006. Elsevier GmbH, München. S.262

[23] Vgl. http://kleintierklinik.uni-leipzig.de/cms/abteilungen/E/Brachyzephalie/faq#12 (25.02.2016 16:00Uhr)

[24] Richard W. Nelson, C. Guillermo Couto: Innere Medizin der Kleintiere. 1. Auflage, 2006. Elsevier GmbH, München. S.263

[25] Vgl. Richard W. Nelson, C. Guillermo Couto: Innere Medizin der Kleintiere. 1. Auflage, 2006. Elsevier GmbH, München. S.263

[26] Richard W. Nelson, C. Guillermo Couto: Innere Medizin der Kleintiere. 1. Auflage, 2006. Elsevier GmbH, München. S.263

[27] Vgl. Richard W. Nelson, C. Guillermo Couto: Innere Medizin der Kleintiere. 1. Auflage, 2006. Elsevier GmbH, München. S.263

diesem Fall kann nur symptomatisch mit Medikamenten behandelt werden. Dabei wird versucht, Aufregung, Stress und Gewichtszuahme einzudämmen, sowie die Expektoration (schleimig-eitriges Abhusten) zu begünstigen und Entzündungen zu verringern.[28] „Wegen häufiger Rezidive [Rückfälle] und schlechter Lebensqualität, müssen diese Patienten in der Regel früher oder später euthanasiert [eingeschläfert] werden."[29]

3.4.1 *Alternative Operationsmethoden*

Aufgrund voranschreitender Forschung konnte in den letzten Jahren festgestellt werden, dass die Hauptursache für die Atemnot bei brachyzephalen Hunden eine Verstopfung der Nasenhöhle mit falsch konstruierten Nasenmuscheln ist. Um dieses Problem zu beheben, kann mit Hilfe einer biegbaren Laser- Sonde ein neuer, röhrenförmiger Nasengang geschaffen werden. Dabei wird das störende, die Atemwege verstopfende, Gewebe der Nasenmuscheln, verdampft. Bei dieser Operationsmethode spricht man von der Laser-assistierten Turbinektomie (LATE). Um im, oder vor dem Kehlkopf, störende Gewebe operativ zu entfernen, kann heutzutage mittels CO_2- Laser in Kombination mit einem Operationsmikroskop operiert werden. Mittels dieser Methodik können nicht blutende, sehr feine Schnitte durchgeführt werden. Desweiteren ist die „Multi- Level Chirurgie" oder auch „Mehr- Ebenen Behandlung" eine neuartige Operationsmethode. Hierbei werden alle, durch bildgebende Diagnostik und Atemwiderstandsmessungen, ausfindig gemachten Engstellen der Atemwege, im Zuge einer Operation gleichzeitig behandelt. Hintergrund dieser Methode ist der, dass bei einem brachyzephalen Atemwegs- Syndrom mehrere Engstellen, an verschiedenen Orten der Atemwege vorliegen können. Wird allerdings bereits eine dieser Engstellen bei herkömmlichen Operationsmethoden außer acht gelassen, kann nicht der gewünschte Erfolg der Operation erzielt werden.[30]

3.5   Die Züchtung brachyzephaler Hunde und das Tierschutzgesetz

Die Brachyzephalie des Hundes ist ein Problem, dass einzig und allein durch den Menschen, nämlich durch gezielte Zuchtauslese entstanden ist. Dabei geht es den Züchtern

---

[28] Vgl. Hans G. Niemand: Praktikum der Hundeklinik. 11. überarbeitete und erneuerte Auflage, 2011. Enke Verlag. S. 522-523

[29] Hans G. Niemand: Praktikum der Hundeklinik. 11. überarbeitete und erneuerte Auflage, 2011. Enke Verlag S.523

[30] Vgl. http://kleintierklinik.uni-leipzig.de/cms/abteilungen/E/Brachyzephalie/faq#13 (01.03.2016 17:00Uhr)

brachyzephaler Hunde darum, den Rassestandards der Hundevereine gerecht zu werden und auf Hundeschauen möglichst gute Plätze zu erzielen. Getreu dem Motto: Je kürzer die Nase, desto besser erfüllt der Hund das Erscheinungsbild der Rasse. Dass diese Standards von Richtern bewertet werden, die sich meist nur oberflächlich mit der Tiergesundheit auskennen und wahrscheinlich bestenfalls selber Hobbyzüchter sind, zeigt, dass den Folgen der Hundezucht sehr wenig Aufmerksamkeit von Züchtern, Tierärzten aber auch den Behörden geschenkt wird. Denn eigentlich ist das Thema der Zuchtfolgen im elften Paragraphen des Tierschutzgesetzes genau geregelt.[31] „Es ist verboten, Wirbeltiere zu züchten [...], wenn damit gerechnet werden muss, dass bei der Nachzucht, [...] erblich bedingt Körperteile oder Organe für den artgemäßen Gebrauch fehlen oder untauglich oder umgestaltet sind und hierdurch Schmerzen, Leiden oder Schäden auftreten." Weniger bekannt ist der Folgeparagraph (§12), in dem auch das Ausstellen von Möpsen und Bulldoggen mit extremer Brachyzephalie auf Hundeschauen verboten wird, ja sogar das Verbot der Haltung dieser Tiere wird hier ausgesprochen: "Wirbeltiere, an denen Schäden feststellbar sind, von denen anzunehmen ist, dass sie durch tierschutzwidrige Handlungen verursacht worden sind, dürfen nicht gehalten oder ausgestellt werden, [...]".“[32] Das Gesetz wird also angesichts der hohen Anzahl der Tiere mit extremer Brachyzephalie und schwerwiegenden gesundheitlichen Problemen nicht eingehalten. Das liegt vermutlich daran, dass die Bundesländer nicht wissen, wie sie das vom Bund erlassene Gesetz umzusetzen haben. Um eine bessere Umsetzung des Gesetzes zu erreichen, bedarf es eindeutiger Formulierungen seitens des Gesetzgebers.[33] „Gleichzeitig wünscht man sich von Behörden der Länder eine effektivere und vor allem aktive Umsetzung der bereits bestehenden Gesetzgebung",[34] so Tierarzt Prof. Dr. Gerhard U. Oechtering.

3.6 Was wird gegen die Probleme unternommen?

Um den Folgen der extremen Brachyzephalie entgegenzuwirken, gab es in den vergangenen Jahren Bemühungen seitens der Zuchtverbände, der Tierärzte und der

---

[31] Vgl. http://kleintierklinik.uni-leipzig.de/cms/sites/default/files/Dokumente/111025_Oechtering_Wenn%20Menschen%20Tiere%20verformen.pdf (28.02.2016 20:00Uhr)

[32] Gerhard U. Oechtering: http://kleintierklinik.uni-leipzig.de/cms/sites/default/files/Dokumente/111025_Oechtering_Wenn%20Menschen%20Tiere%20verformen.pdf (28.02.2016 20:00Uhr)

[33] Vgl. http://kleintierklinik.uni-leipzig.de/cms/sites/default/files/Dokumente/111025_Oechtering_Wenn%20Menschen%20Tiere%20verformen.pdf (28.02.2016 20:00Uhr)

[34] Gerhard U. Oechtering: http://kleintierklinik.uni-leipzig.de/cms/sites/default/files/Dokumente/111025_Oechtering_Wenn%20Menschen%20Tiere%20verformen.pdf (28.02.2016 20:00Uhr)

Behörden. Der Verband der deutschen Hundezüchter (VDH), welcher die oberste Ebene der vereinsmäßigen Hundezucht darstellt, will erstmals konsequent gegen sogenannte „Qualzuchten", wie es auch bei der extremen Brachyzephalie der Fall ist, vorgehen. Hierbei werden Zuchtvereine, die gegen die Zuchtauflagen des Tierschutzgesetzes verstoßen vom Verband ausgeschlossen und dürfen beispielsweise nicht mehr an Ausstellungen teilnehmen. Allerdings ist das wesentliche Problem der Hundezucht die fehlende fachkundige Qualitätskontrolle. Im Fokus stehen hier die „Laien-Richter", welche nicht genug Fachwissen haben um über die Gesundheit von Tieren zu entscheiden. Sie belohnen häufig ausschließlich die extreme Ausprägung äußerlicher Merkmale, ohne dabei auf die Gesundheit zu achten. Um die durch Brachyzephalie hervorgerufenen Folgen in den Griff zu bekommen, muss also noch einiges unternommen werden.[35]

4 Schluss

4.1 Stellungnahme

Zum Abschluss dieser Facharbeit möchte ich ein Fazit zu meinen neu gewonnen Erkenntnissen über das Thema „Die Brachyzephalie als Problem der Hundezucht" ziehen und darstellen, wie meine persönliche Einstellung zu diesem Thema ist und wie sich diese durch die Facharbeit verändert hat. Zunächst habe ich einiges über die Hundezucht im allgemeinen erfahren, vorallem auch die negative Seiten hierzu kennengelernt. Diese negativen Seiten sind natürlich auch dem Thema „Brachyzephalie" geschuldet, das ohnehin mit gesundheitlichen Problemen in Verbindung steht und diese ja auch in der Facharbeit behandelt wurden. Dass diese Probleme allerdings so gravierend sind und scheinbar bereits als normal angesehen werden, erstaunte mich sehr. Als ich begann die Facharbeit zu schreiben, stellte sich mir die Frage, ob allein der Mensch der Verursacher der schwerwiegenden Probleme brachyzephaler Hunde ist. Diese Frage kann ich nun abschließend mit einem klaren „ja" beantworten. Wenn Hunde aufgrund äußerlicher Merkmale, die oft gesundheitsschädlich sind, gezüchtet und danach logischerweise auch von Menschen als Haustiere gekauft werden, ist für mich klar, dass ausschließlich der Mensch verantwortlich für diese Problematik ist. Ärgerlich an der ganzen Sache ist meiner Meinung nach, dass hier mit der

---

[35] Vgl. http://kleintierklinik.uni-leipzig.de/cms/sites/default/files/Dokumente/111025_Oechtering_Wenn%20Menschen%20Tiere%20verformen.pdf (28.02.2016 20:00Uhr)

Krankheit, die beispielsweise durch eine extreme Brachyzephalie entsteht, auf Kosten der Tiere Geld verdient wird. Dabei bin ich allerdings auch der Überzeugung, dass nur die wenigsten Hundehalter vor dem Kauf eines brachyzephalen Hundes wissen, dass dieser ein ausgesprochen hohes Krankheitsrisiko hat. Ein schweres Atmen bei einem Mops wird beispielsweise von vielen Züchtern bereits als normal, teilweise sogar als vergleichbar mit dem Schnurren einer Katze angepriesen. Um solchen, für mich betrügerisch anmutenden Vorgehensweisen entgegenzuwirken, müssten sich Menschen, meines Erachtens vor dem Kauf eines brachyzephalen Hundes intensiv mit dem Thema Brachyzephalie beschäftigen. Für sinnvoll würde ich, wie es bei großen Hunderassen üblich ist, auch bei Hunden mit Brachyzephalie, einen Sachkundenachweis halten, bei dem zukünftige Hundehalter ihr Wissen über die Brachyzephalie nachweisen müssen. Wenn Hundehalter schon vor dem Kauf wüssten, dass eine Brachyzephalie für regelrechte Qualen bei dem betroffenen Hund sorgt, würde sich eine Vielzahl von Tierliebhabern gegen einen Kauf entscheiden. Das würde auch einige Züchter zum Nachdenken anregen und möglicherweise dafür sorgen, ihre Vorgehensweise zu überdenken. Nichtsdestotrotz gibt es ja schon einige, lobenswerte Ansätze seitens der Zuchtverbände, der Behörden und der Tierärzte das Thema Qualzuchten in Zukunft in den Griff zu bekommen. Das Ziel sollte es sein, in Zukunft die Nasen von Bulldoggen, Möpsen und Co. wieder so zu züchten, dass ein problemloses, normales Atmen für die Tiere wieder selbstverständlich wird. Das finde ich, ist das mindeste, was der Mensch den Brachyzephalen Hunden und denen die aufgrund der Folgen der Brachyzephalie ihr leben lassen mussten, schuldig ist.

5 Literaturverzeichnis

Buchquellen:

1) Inge Hansen: „Vererbung beim Hund". 2. Auflage 2014. Müller Rüschlikon Verlag, S.93

2) Richard W. Nelson, C. Guillermo Couto: Innere Medizin der Kleintiere. 1. Auflage, 2006. Elsevier GmbH, S. 262-263

3) Hans G. Niemand, Peter Suter: Praktikum der Hundeklinik. 9. neubearbeitete Auflage, 2001. Parey Buchverlag, S. 523-524

4) Hans G. Niemand: Praktikum der Hundeklinik. 11. überarbeitete und erneuerte Auflage, 2011. Enke Verlag, S. 522-523

Internetquellen:

1) http://www.gesunde-bulldoggen.de/atmen/brachyzephalie.html (25.01.2016 18:00 Uhr)

2) http://www.wissen.de/wortherkunft/brachyzephalie (12.01.2016 16:30 Uhr)

3) http://www.gesunde-bulldoggen.de/atmen/bas-dr-koch.html (25.01.2016 18:00 Uhr)

4) http://www.tieraerztekammer-sachsen.de/dokumente/artikel_brachyzephalie.pdf (12.01.2016 16:30 Uhr)

5) http://www.vdh.de/fileadmin/media/ueber/wir_ueber_uns/vdh_chronik (13.01.2016 18:00 Uhr)

6) http://www.s-a-v-o.ch/sonstige-erbliche-augenkrankheiten/brachyzephalen-syndrom/ (12.01.2016 18:00 Uhr)

7) http://geb.uni-giessen.de/geb/volltexte/2013/9907/pdf/KlinglerMelanie_2013_06_27.pdf (24.02.2016 17:00 Uhr)

8) http://kleintierklinik.uni-leipzig.de/cms/abteilungen/E/Brachyzephalie/faq#12 (01.03.2016 17:00Uhr)

9) http://kleintierklinik.uni-leipzig.de/cms/abteilungen/E/Brachyzephalie/faq#13 (01.03.2016 17:00Uhr)

10) http://kleintierklinik.unileipzig.de/cms/sites/default/files/Dokumente/111025_Oechtering_Wenn%20Menschen%20Tiere%20verformen.pdf (28.02.2016 20:00Uhr)

Bildquellen:

1) http://www.gesunde-bulldoggen.de/images/Nase_lang-kurz.jpg (25.01.2016, 18:00 Uhr)

2) http://www.yourdogmagazin.at/brachycephalensyndrom-bei-kurzkoepfigen-rassen/ (28.02.2016 19:00 Uhr)

3) http://www.s-a-v-o.ch/sonstige-erbliche-augenkrankheiten/brachyzephalen-syndrom/ (12.01.2016 18:00)

6 Anhang

6.1 Arbeitstagebuch

Datum	Beschreibung	Kommentar
10.12.15	Suche nach verschiedenen Facharbeitsthemen (Internetrecherche)	Im Bereich Biologie sehr viele Themen zur Auswahl, Entscheidung fällt schwer
15.12.15	Festlegung des Themas	Gespräch mit Frau Reichardt
05.01.16	Beschaffung von Material in der Stadtbücherei Baesweiler	Einige Grundlegende Bücher zum Thema „Hunde", jedoch keine spezifische Fachliteratur
12.01.16	Internetrecherche	Auswahl mehrerer Internetseiten; u.a. geschrieben von Doktoren und Professoren der Tiermedizin
17.01.16	Kauf des Buches „Vererbung beim Hund" im Internet	Mit 30 Euro zwar relativ teuer, aber nötig um die Grundlagen der Hundezucht zu verstehen
19.01.16	Beschaffung des Materials bei Dr. Bücken, Tierarzt in Baesweiler	Literatur für Tierärzte mit Operationsmethoden; sehr spezifisch und genau richtig für die Facharbeit
22.01.16	Gliederung der Facharbeit	Gespräch mit Frau Reichardt
02.02.16	Internetrecherche	Suche nach dem Tierschutzgesetz
06.02.16	Beginn mit dem Schreiben	Genug Material vorhanden
05.03.16	Fertigstellung der Facharbeit	Inhalt vollständig
07.03.16	Korrekturlesen	Facharbeit auf Rechtschreibung und Grammatik kontrolliert

6.2   <u>Bilder</u>

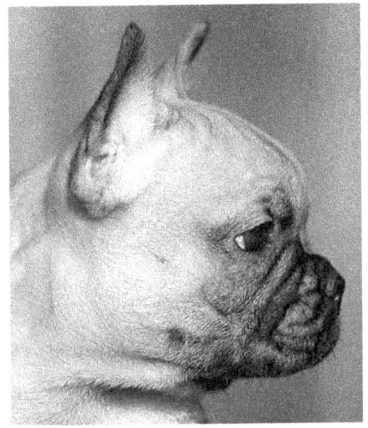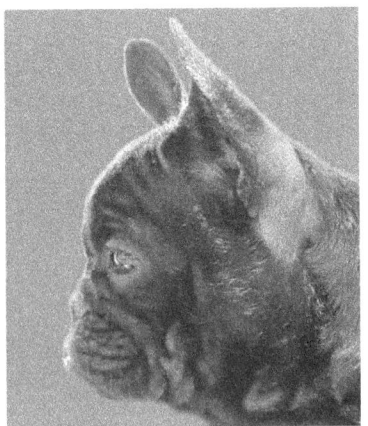

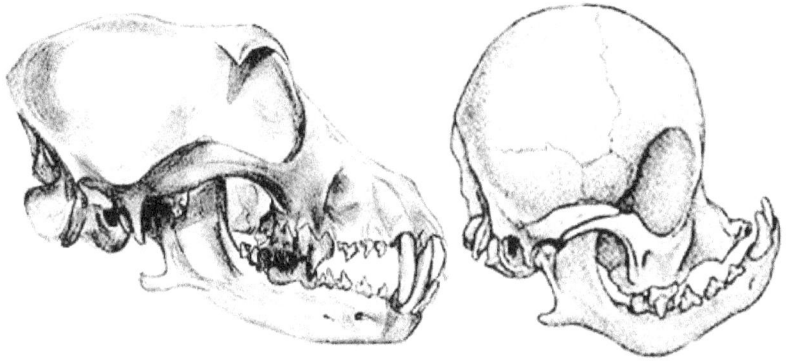

BEI GRIN MACHT SICH IHR WISSEN BEZAHLT

- Wir veröffentlichen Ihre Hausarbeit,
  Bachelor- und Masterarbeit

- Ihr eigenes eBook und Buch -
  weltweit in allen wichtigen Shops

- Verdienen Sie an jedem Verkauf

Jetzt bei www.GRIN.com hochladen
und kostenlos publizieren